赏朝晖夕阳 识风云气象

——气象成语科普解析

欧善国　彭晓丹　编著

气象出版社
China Meteorological Press

图书在版编目（CIP）数据

赏朝晖夕阳　识风云气象 / 欧善国，彭晓丹编著
. — 北京：气象出版社，2018.11
ISBN 978-7-5029-6874-8

Ⅰ . ①赏… Ⅱ . ①欧… ②彭… Ⅲ . ①气象学 – 普及
读物 Ⅳ . ① P4–49

中国版本图书馆 CIP 数据核字 (2018) 第 277267 号

Shang Zhaohui Xiyang Shi Fengyun Qixiang —— Qixiang Chengyu Kepu Jiexi

赏朝晖夕阳 识风云气象——气象成语科普解析

出版发行：气象出版社

地　　址：北京市海淀区中关村南大街 46 号　　**邮政编码**：100081
电　　话：010-68407112（总编室）　　010-68408042（发行部）
网　　址：http://www.qxcbs.com　　**E - m a i l**：qxcbs@cma.gov.cn
责任编辑：颜娇珑　郑乐乡　　　　　　　**终　　审**：张　斌
责任校对：王丽梅　　　　　　　　　　　**责任技编**：赵相宁
封面设计：符　赋
印　　刷：中国电影出版社印刷厂
开　　本：889 mm×1194 mm　1/64　　**印　　张**：2
字　　数：50 千字
版　　次：2018 年 11 月第 1 版　　　　　**印　　次**：2018 年 11 月第 1 次印刷
定　　价：10.00 元

前言

在我国，天气气候复杂多变，极端天气事件频发，对城市运行、生产活动、生命财产产生极其严重的影响，气象灾害伤及中小学生时有发生。气象科普是科技和学科教育的一个交叉环节，与地理、物理、生物、科学、信息技术、综合实践等学科内容紧密相关，是激发青少年探究自然科学奥秘，巩固和延伸课本知识，提高综合科学素养水平、创新实践能力的重要途径之一。因此，无论在气象防灾减灾方面，还是在中小学科技教育方面，开展气象科普教育是非常必要的。

目前国内已出版的同类书籍寥寥无几，且气象成语多局限于从语文学习的角度作词义解释，而本书以22个气象成语做引子，运用专业气象知识和通俗气象科普知识解释气象成语所涉及的天气现象、气候规律等，同时采用随笔作范文例句，设置互动问题和成语填空加强与读者互动，其中知识问题可通过手机扫描二维码获得详细解答，引导读者延伸学习，又保留汉语拼音、词义解释、英文翻译等传统学习内容。因此，丰富的气象科普知识、新颖的结构、互动性强、延伸学习是本书的特点及创新之处，本书是气象科普进校园的有力帮手。

由于时间和本人水平有限，文中错漏之处在所难免，敬请各位读者、同行批评指正。

作者

2018 年 7 月 28 日

目录

一、乘风破浪

汉语拼音： chéng fēng pò làng

英文翻译： Brave the wind and waves.

成语解释： 船只乘着风势，破浪前进。比喻不畏
艰险，勇往向前。

随笔共享

5 岁那年，父亲带着我去上海求医。第一次坐轮船的我兴奋地在船舱里来回奔跑，父亲不想扫我兴致，又不想我打扰到他人，就带着我去甲板上看浪花。甲板上风很大，大到我不得不紧紧抓住父亲的手，生怕被风吹走。船后是轮船开动激起的层层浪花，白色如沫般翻滚，又如那滚烫的开水般涌动，这是我对乘风破浪的具象感。

上学后读到李白的"长风破浪会有时，直挂云帆济沧海"，成年后看电影《乘风破浪》，想到的都是 5 岁时坐轮船的经历。那时乘风破浪只为解决一个问题，而成长路上的风浪一直都在，一路披荆斩棘，只为乘风破浪逐云笑。

气象知识

　　风是由空气流动引起的一种自然现象。太阳光照射在地球表面上，使地表温度升高，地表的空气受热膨胀变轻而往上升。热空气上升后，气压降低，导致周围低温的冷空气横向流入，这种水平流动的空气就是风。

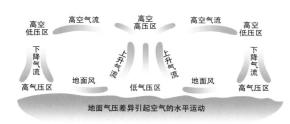

地面气压差异引起空气的水平运动

　　风不仅有大小（风速、风力），还具有方向（风向）。风速是指空气水平运动的速度，常用空气在单位时间内流动的水平距离来表示；风力是指风的强度，例如人们平时在天气预报中听到的"东风3级"等指的就是风力等级。"蒲福风级"是英国人蒲福于1805年根据风对地面（或海面）物体影响

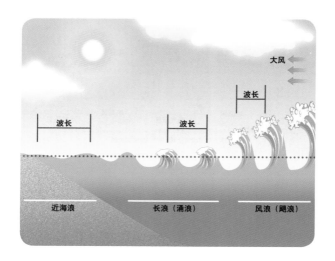

近海浪　　　　　　长浪（涌浪）　　　　　　风浪（飓浪）

程度而定出的风力等级，从低到高分为 0~12 级，后经多年发展，风力等级已增补至 18 级。风向是指风吹来的方向，例如北风就是指空气自北向南流动。风向一般用 8 个方位表示，分别为北、东北、东、东南、南、西南、西、西北。

风浪是风引起的波浪。风吹到海面，与海水摩擦，海水受到风的作用，随风波动，海面开始起伏，形成波浪。随着风速加大和风吹时间增加，波浪会越来越大，风浪的大小和风的作用时间有密切关系。南纬 40°～50° 洋面上，是世界著名的大浪区，海员称这一纬度为"咆哮的 40°""疯狂的40°"，就是因为那里海面辽阔，常年吹猛烈的西风，形成巨大的、典型的风浪。

知识问答

1. NE 代表什么风向的风?
2. 几级的风称作大风?

成语填空

1. 风和日（　）
   微风和煦，阳光明丽。形容天气晴好。

2. 风雨（　）（　）
   即使刮风下雨，事情也照常进行。

3. 风雨（　）（　）
   在疾风暴雨中同船渡河，一起与风雨搏斗。

二、巴山夜雨

汉语拼音： bā shān yè yǔ

英文翻译： Lonely in a strange land, hoping of reunion of friends.

成语解释： 四川大巴山山地夜间受青藏高原过来的高空冷平流影响，空气不稳定性加强而形成的夜雨。唐代诗人李商隐《夜雨寄北》诗中有："巴山夜雨涨秋池"。

随笔共享

　　11月份，距离广州漫长的汛期已过去了一个月，终是请了假背着行囊去了计划中的目的地——云南。秋季的云南雨水不少，夜间雨下朦胧，我窝在客栈的房间里打发时间。掀开窗帘向外望去，走廊里灯光亮着，屋檐上不断滴落下雨水，院子里甚是安静。

　　许是季节的原因，又或是天气的原因，巴山夜雨时，格外想念友人。摸出手机同她聊天，聊旅途趣事，聊网上的打折信息，聊房屋装修，聊此刻与将来……床头的灯光从竹篾里透出，如烛火般跳跃着，我与好友在不同的空间里共说生平。

气象知识

按气流对流运动对降雨的影响，降雨可分为锋面雨、地形雨、对流雨、台风雨四种类型。

"巴山夜雨"多发于我国西南山地及四川盆地地区。这些地方的夜雨量一般都占全年降水量的 60% 以上。例如，重庆、峨眉山分别占 61% 和 67%，贵州高原上的遵义、贵阳分别占 58% 和 67%。我国其他多夜雨的地方，夜雨次数、夜雨量及影响范围都不如大巴山和四川盆地。

巴山夜雨形成有以下两个原因：其一是西南山地潮湿多云。夜间，密云蔽空，云层和地面之间，进行着多次的吸收、辐射、再吸收、再辐射的热量交换过程，因此云层对地面有保暖作用，使得夜间云层下部的温度不至于降得过低；在云层的上部，由于云体本身的辐射散热作用，使云层上部温度偏低。这样，在云层的上部和下部之间便形成了温差，大气层结构趋向不稳定，偏暖湿的空气上升形成降

锋面雨
冷暖空气相遇，暖湿气流上升

地形雨
暖湿空气前进因地形阻挡而抬升

台风雨
暖湿空气围绕台风中心旋转上升

对流雨
湿热空气强烈受热上升

雨。其二是西南山地多准静止锋。云贵高原由于地形原因，对南下的冷空气有明显的阻碍作用，因此我国西南山地在冬半年常常形成准静止锋。在准静止锋滞留期间，锋面降水出现在夜间和清晨的次数占相当大的比例，相应地增加了西南山地的夜雨率。

知识问答

1. 降水的成因是什么？
2. 降水量单位如何表达？

成语填空

1. （ ）雨（ ）云
   杏花如雨，梨花似云。形容春天景色美丽。

2. （ ）花春雨
   初春杏花遍地、细雨润泽的景象。

3. （ ）风（ ）雨
   比喻作事用和缓的方式，不粗暴。

三、白雪皑皑

汉语拼音：　bái xuě ái ái

英文解释：　An expanse of white sown.

成语解释：　皑皑：洁白的样子，多用来形容霜雪。
　　　　　　洁白的积雪银光耀眼。

随笔共享 ❄❄

　　雪已经下了一个上午，临近中午放学，我在考虑要不要直接穿过河面，去对岸的外公家，但是又担心河面的冰层太薄。还没拿定主意，下课铃已经响了，我听到有人叫我小名，循声望去，教室门口外公正探着脑袋，扶着他那比啤酒瓶底还厚的眼镜在找我。外公带了雨衣让我穿上，随后背起我就走。我记忆中第一次见下得这么大这么久的雪，整个世界安静如初，只剩下外公踩过积雪的咯吱咯吱声。这是一条我每天都会经过的乡间小路，却是第一次和外公一起走。河里冰面如镜，植物披着雪如盖着被子一般，远处屋顶瓦砖的红色不见了，入眼处都是白色。

　　外公说，很多年没见过这么大的雪了。早上出门没有穿雨鞋的我，这会如果走在雪地里，鞋子肯定是湿了，而且还得一路摔着才能到家。外公大概是想到了我对于如何回去的顾虑，所以踏雪来接我

回家，但是我知道他近视的程度已经让他看不清楚
这个世界了，在雪地行走于他而言比常人困难数倍。
那是小学六年外公唯一一次接我下学，那日白雪皑
皑，世界透亮，空气清冷，内心温暖如煦。

气象知识 ❄❄

　　雪是从混合云中降落到地面的雪花形态的固态
水，即由大量白色不透明的冰晶（雪晶）和其聚合
物（雪团）组成的降水。雪只在一定的温度及温带
气旋的影响下才会出现，因此，亚热带地区和热带
地区下雪的机会较小。

　　雪的形成：雪形成的基本条件有两个，一个是
水汽饱和，另一个是空气里有凝结核。在混合云中，
由于冰水共存，水汽饱和，且温度较低，冰晶成为
凝结核，不断吸收水汽凝华增大，成为雪花。当云
下气温低于 0 ℃时，雪花可以一直落到地面而形成

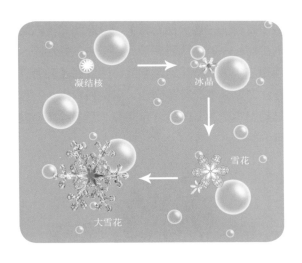

降雪；如果云下气温高于 0 ℃时，则可能出现雨夹雪。雪花的形状极多，有星状、柱状、片状等，但基本形状是六角形。

一般事物都有几种别名，雪花也有许多别称，这些别称通常都出自古代诗人的名句，比如"银粟"（独往独来银粟地——宋·杨万里诗）、"玉尘"（东风散玉尘——唐·白居易诗）、"玉龙"（岘山一夜玉龙寒——唐·吕岩诗）、"六出"（六出飞花入户时——唐·高骈诗）。雪花是六角形的，这一点是在中国最早见诸文字的，西汉时《韩诗外传》曰："凡草木之花多五出，雪花独六出。"雪花虽然都是六角形，但细分起来有2万多种具有微小差别的图案。

知识问答 ❄

1. 雪的等级如何划分？
2. 瑞雪兆丰年是什么意思？

成语填空 ❄

1. 红装素（ ）
   指妇女艳丽和淡雅装束。用以形容雪过天晴，红日和白雪交相辉映的美丽景色。

2. 风（ ）雪（ ）
   四时美景也指浮华空泛的诗文或生涯，又比喻风流场中的女子或男欢女爱的行为。

3. 如（ ）薄冰
   像走在薄冰上。形容作事极为小心谨慎。

四、薄暮冥冥

汉语拼音： bó mù míng míng

英文解释： Dusk the invisible.

成语解释： 薄暮：傍晚；冥冥：天昏地暗。形容傍晚时天色昏暗。

刚入职时吃住几乎都在单位，每天下午六点喜欢去观测场遛弯，空气好，视野好，还可体验登高眺远，虽天色渐暗，能见度变差，但可见到灯火渐亮的过程，商场的灯，居民楼的灯，有人下班了，有人一天最忙碌的时候开始了。隔壁水上乐园的夜生活已然开始，音乐声和尖叫声让你觉得此刻的薄暮冥冥是一种错觉。

这时我和家人的聊天内容都是互问是否下班，天气状况等。母亲告诉我，此刻家里的天气渐凉，天黑得一天比一天早了。我走上最高处，看见远处万家灯火却意兴阑珊。这个时节的家乡已经入秋了吧，街道上有黄色落叶了吧，鸟儿归巢了吧，月亮渐渐升上来了吧。我们在相同的时间与不同的季节相遇，景色各异，思念不变。

气象知识

　　地球一直在运动，既围绕太阳公转，又绕地轴自转。由于地球是个不透明的球体，且不停地自西向东自转，使地球表面上出现昼夜交替的现象，傍晚天色昏暗也是地球自转造成的。

　　那么为什么冬天天黑得早，而夏天天黑得晚呢？这种现象主要是地球公转产生的。地球在公转时，姿态总是倾斜的，地球自转平面（赤道平面）与地球公转轨道面（黄道平面）之间存在一个夹角（23°26′），称为"黄赤交角"。由于黄赤交角的存在，导致太阳的直射点在南北回归线之间作周期为一年的往返运动。我国位于北半球，处于冬季时，阳光多照射在南半球，所以中国的日照时间会短一些；当夏季来临时，阳光多照射在北半球，所以日照时间会较长。因此，我们就会感觉冬天昼短夜长，而夏天昼长夜短。

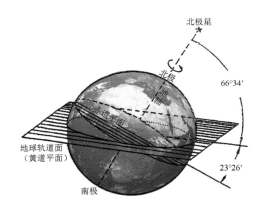

北极星

北极

地轴

赤道平面

66°34′

地球轨道面
（黄道平面）

23°26′

南极

　　夏至是一年里太阳最偏北、北半球日照时间最长的一天，且越往北白昼时间越长。过了这天，太阳的直射点逐渐向南移动，北半球的白天也就逐渐变短了。冬至是北半球夜最长的一天，这一天太阳处于南回归线上，距离北半球最远。

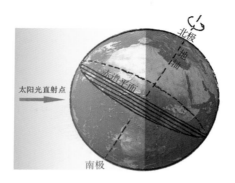

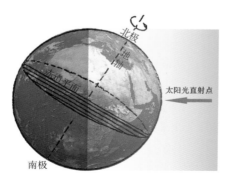

知识问答

1. 我国哪个节气日的白昼时间最长?
2. 在夏至日,下面哪个城市白昼最长?
   A. 乌鲁木齐 B. 三亚 C. 广州 D. 长沙

成语填空

1. 晨光( )微
   早上天色微明。

2. ( )( )云散
   像烟和云消散一样。比喻事物消失无余。

3. 暮色( )( )
   指时已傍晚,天色昏暗,眼前的景物已模糊不清。

五、春风化雨

汉语拼音： chūn fēng huà yǔ

英文解释： Life-giving spring breeze and rain.

成语解释： 春风：适宜于草木生长的和风。化雨：使万物变化生长繁殖的雨。比喻良好的教育，也用来称颂师长的教诲。

随笔共享

　　教室外走廊的另一侧是花坛，四月的天气刚飘了阵细雨，泥土地上积了些雨水，风吹落几片粉白色的花瓣，枝头上还挂着水滴，常青树似乎更绿了。我撑着下巴看向窗外，看到的便是这番春风化雨之景。同桌推了下我，示意我看讲台。讲台上老师对着我说："去外面花坛摘朵花吧，我们一起看下花的结构。"我愣了下，不明白什么情况，脚已经不由自主地向外跑去。花摘了回来，老师继续讲课，带着我们验证语文课本上对花的描述。

　　我很想念那个场景，可能是因为想念老师。我在她的班上学了六年语文，隔壁班上的同学下课之后会经常来我们教室看老师在黑板上留下的内容，他们连板书都羡慕，经常用精彩来形容老师的讲课。我想他们羡慕的不应只是课堂，还有我们的幸运，与春风化雨之师者的幸运相遇。

气象知识

　　雨是一种自然降水现象，是由大气循环扰动产生的。降雨是地球水循环不可缺少的一部分，是几乎所有远离河流的陆生植物非人为补给淡水的唯一方法。雨是从云中降落的水滴。陆地和海洋表面的水蒸发变成水蒸气，水蒸气上升到一定高度后遇冷变成小水滴，小水滴聚集在一起组成了云，它们在云里互相碰撞，合并成大水滴，大到空气托不住的

上升空气遇冷
成云形成降雨

空气受热上升　　　　　　　　　　　　空气受热上升

时候，就从云中落了下来，形成了雨。雨水是人类生活中重要的淡水资源，但暴雨的出现也会给人类带来巨大的灾难。

气象部门根据 24 小时（或 12 小时）累积降雨量，将雨分为以下几个等级：小雨、中雨、大雨、暴雨、大暴雨、特大暴雨。

南方的春天总是多雨的季节，这是由地理位置决定的。2—5 月，太平洋副热带高压向北移动，靠近海边的南方，正处在从亚洲东部的海上吹来的含水量大的暖湿气流和原来在陆地上的冷空气相遇的地方，所以容易产生降雨。由于在春天，北半球光照时间并未达到最大，冷空气势力强大，造成在淮河流域以南地区冷、暖气团相持，产生了较长时间的降雨。另外，由于暖湿气流的北上被秦岭阻挡，出现了南方持续降雨、北方持续少雨的气候现象。

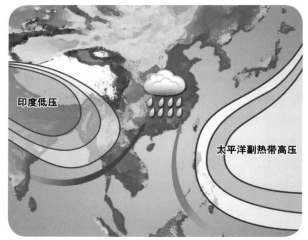

海陆气压形势带来我国南方雨季

 知识问答

1. 24 小时累积降雨量达到多少才达到暴雨等级？

2. 地形雨主要出现在山的迎风坡还是背风坡？

成语填空

1. 春和（ ）（ ）
   春光和煦，风景鲜明艳丽。

2. （ ）风（ ）雨
   以风梳发，以雨洗头。形容在外奔波，不避风雨
   历尽艰辛。

3. （ ）风（ ）月
   雨过天晴时风清月明。比喻太平盛世。

六、春寒料峭

汉语拼音： chūn hán liào qiào

英文解释： There is a chill in the air in early spring.

成语解释： 料峭：微寒。形容初春的寒冷。

随笔共享

初春时节，乍暖还寒，通常这时我依旧裹着好几层衣服。不过长三角的初春确实是春寒料峭，冻杀少年。按父亲的说法，我常年与咳嗽为伴，小学之前，我常在医院和家之间来回，那时父亲很担心冬春季节的到来，特别是初春，乍暖还寒时最难将息。因为我受凉后很容易感冒，感冒后很容易咳成肺炎，之后又得去医院"报到"。

记忆中那时生病的我裹成球被抱上摩托车后座，头抵在父亲的背上挡风，觉得喘气困难时摘下口罩，远处田野可见大片油菜，路边杨柳开始冒绿。到医院了，儿科病房里人满为患，护士推着工具车开始打针，小孩哭，大人哄，尤为热闹。"战争"结束后，一切归于平静，此刻大多数小孩都睡着了。父亲会趁着我睡觉之际去买菜做饭，到我换吊针瓶之前他会带着饭菜回来，一般时间都把控得很好。结束时天已黑，父亲再次把我裹成球，走出医院，寒意扑身，我去拉父亲的手，一路小跑着，回家了。

气象知识

　　人们将 2 月末 3 月初作为春天的开始。春季气候最大的特点就是乍暖还寒：一是春季昼夜温差较大；二是春季冷空气活动频繁，天气变化较多。

　　长期阴雨天气或频繁的冷空气侵袭，或持续冷高压控制下晴朗夜晚的强辐射冷却易造成倒春寒。初春气候多变。如果冷空气较强，可使气温猛降至

10 ℃以下，甚至出现雨雪天气。此时经常是白天阳光和煦，让人有一种"暖风熏得游人醉"的感觉，早晚却寒气袭人，让人倍觉"春寒料峭"。这种使人难以适应的"善变"天气，就是通常所说的倒春寒，极易对农业生产和居民生活造成不利影响。倒春寒是指初春（一般指 3 月）气温回升较快，而在春季后期（一般指 4 月或 5 月）气温较正常年份偏低的天气现象。

知识问答

1. 为什么说"一场春雨一场暖"？

2. 为何影响我国的冷空气总是从西伯利亚而来？

成语填空

1. （　）寒（　）冻

   形容天气特别寒冷。

2. 冰（　）雪（　）

   形容冰雪漫天盖地。形容气候非常寒冷。

3. （　）窖冰天

   窖：收藏东西的地洞。到处是冰和雪。形容天气
   寒冷，也指严寒地区。

七、春华秋实

汉语拼音： chūn huā qiū shí

英文解释： Glorious flowers in sping and solid fruits in autumn.

成语解释： 华：同"花"。春天开花，秋天结实。比喻文采与德行，亦比喻事物的因果关系。多喻因学识渊博，而明于修身律己，品行高洁。

随笔共享

　　学校里有大片作为实验地的农田，每年春天总会播种、插秧，种上水稻，作为教师科研的材料和学生实验的对象。春末插秧后不过几天，水稻秧苗便绿油油竖得挺直，成片成片的甚是好看。从播种的那刻起老师和学生们便开始了实验的生活，穿着雨靴，戴着草帽，捧着电脑进入农田里，举着仪器或站或蹲。

　　从春天到秋天，从播种到收获，从绿色到金黄，从白皙到黝黑，经历一整个夏天，看到了春华秋实后实验也就结束了。毕业已有数年，依然可以从老师分享的照片中看到：实验地种满了水稻，春华秋实的过程循环着播放，老师依旧，学生来过，又离开了。

气象知识

在春季，地球的北半球开始倾向太阳，受到越来越多的太阳光直射，因而气温开始升高。随着冰雪消融，河流水位上涨，春季植物开始发芽生长，许多鲜花开放。冬眠的动物苏醒，许多以卵过冬的动物孵化，鸟类开始迁徙，离开越冬地向繁殖地进发，因此，中国也将春季称为"万物复苏"的季节。

秋季是收获的季节，很多植物的果实在秋季成熟。"秋"的含义，实际上是庄稼快成熟的意思。立秋以后，中国南方大部分地区晚稻拔节孕穗，棉花裂铃吐絮，中稻、夏玉米进入灌浆成熟阶段。立秋后的华南，时令虽仍属盛夏，但"立秋十天遍地黄"，一个金色"秋天"就要到来了。

知识问答

1. 春天包括哪六个节气?
2. 四季冷暖更替特征是什么?

成语填空

1. 华而不（　　）
   只开花不结果。比喻徒有漂亮外表，无实际内容。

2. 雨后（　　）（　　）
   春天雨后，竹笋长得又多又快。比喻事物的大量涌现和蓬勃发展。

3. （　　）雪（　　）霜
   谓不怕寒冷，越冷越有精神。比喻人经历了长期磨炼，对于逆境毫不在乎。

八、春暖花开

汉语拼音： chūn nuǎn huā kāi

英文解释： There are wonderful flowers everywhere in the warm spring.

成语解释： 气候和暖宜人，百花盛开，春光优美。

随笔共享

　　吾乡在江南，地处亚热带季风气候区，四季分明，一年的绚丽始于"春暖花开"。"竹外桃花三两枝，春江水暖鸭先知"，桃花疏落，临水而绽；鸭子成群，冰融戏水。乍暖还寒时，动植物最先感知春意。从早春西湖边"乱花渐欲迷人眼"，花丛东团西簇，到晚春"烟花三月下扬州"，扬州城里满城琼花。百花争艳，韶光易逝。

　　在这北回归线以南、四季不甚分明的南国，我对春暖花开的回忆一如白居易回忆中的江南明媚春

光，"日出江花红胜火，春来江水绿如蓝"，晨光映照岸边红花，红于火焰；春风吹拂满江绿水，绿如蓝草。乘一叶春风回江南，可赏春暖花开。

气象知识

春季是一年中的第一个季节。气候学中将连续5天平均气温超过10 ℃时作为春季的开始，当连续5天平均气温高于22 ℃时，则意味着春季的结束、夏季的开始。

春季是冬季与夏季的过渡季节，冷、暖空气势力相当，而且都很活跃。有这样一首诗，描述了诗人关于春天气候的矛盾心情："春日春风有时好，春日春风有时恶，不得春风花不开，花开又被风吹落。"表示春天天气变化多端。春季的气候主要有以下几个特点：（1）气温变化幅度大；（2）空气干燥多大风；（3）北方多沙尘天气；（4）南方多阴雨天气。

知识问答

1. 为什么说"春天天气孩儿面，一天三变脸"？
2. 秋季的标准是什么？

成语填空

1. 滴水成（ ）
   滴下的水滴即刻冻结成冰。形容天气严寒。

2. 春风（ ）（ ）
   形容温暖的春风。

3. （ ）寒（ ）暖
   形容对人的生活十分关切。

九、飞沙走石

汉语拼音：　fēi shā zǒu shí

英文解释：　Dust and pebbles swirling in the wind.

成语解释：　沙土飞扬，石块滚动。形容风力迅猛。

随笔共享

　　我读的幼儿园和小学共用一个操场，操场面积很大，没有专业设施建设，秋千、单杠直接扎根在泥土地里。天朗气清、惠风和畅时操场上一片欢声笑语，到了冬天吹西北风时又是另一番景象，村子里没有高楼大厦，吹个风方圆数里都能扫过。冬季少雨，尘土自然累积不少。风起时虽无飞沙走石之景象，扬起的尘土也是不少。每当此时，除了跑去洗手间，我是断不会出教室门的。

　　洗手间与教室在操场的对角线上，将自己全副武装后顶着裹挟沙石的风一步步前行，风大到觉得自己快要飞起来。除了尘土，还有那打在脸上的风，如刀割般划过。这个关于幼儿园的冬日场景我一直记得，大概是因为这是我小时候理解的"飞沙走石"。

气象知识

　　沙尘暴是沙暴和尘暴的总称，是指强风从地面卷起大量沙尘，使水平能见度小于1千米，具有突发性和持续时间较短特点的，概率小、危害大的灾害性天气现象。其中沙暴是指大风把大量沙粒吹入近地层所形成的挟沙风暴；尘暴则是大风把大量尘埃及其他细颗粒物卷入高空所形成的风暴。

源自中国气象报社　刘婉清

沙尘暴是风蚀荒漠化中的一种天气现象，它的形成受自然因素和人类活动因素的共同影响。自然因素包括大风、降水减少及沙源，强风、热力不稳定和沙源是沙尘暴形成的三个重要条件。人类活动因素是指人类在发展过程中对植被的破坏，导致沙尘暴爆发频数增加。

沙尘暴的形成

　　沙尘暴天气主要发生在冬、春季节。这是由于冬、春季半干旱和干旱区降水较少，地表极其干燥松散，抗风蚀能力很弱，当有大风刮过时，就会有大量沙尘被卷入空中，形成沙尘暴天气。沙尘暴多发生在中午至傍晚，夜间至午前则相对较少。

知识问答

1. 沙尘天气有几种？
2. 沙尘暴只有坏处吗？

成语填空

1. 电（　）雷（　）
   雷电交加，即将下大雨的样子。比喻声势很大或快速有力。

2. 天（　）地（　）

天色昏暗无光。形容狂风大作时飞沙漫天的景象。也比喻政治腐败或社会混乱。

3. 密云不（　）

浓云密布，但未下雨。比喻事情已经酝酿成熟，但尚未发作。

十、皓月千里

汉语拼音： hào yuè qiān lǐ

英文解释： Bright moonlight.

成语解释： 极为广阔的范围内的山水都处于明亮的月光照射之下。形容月光皎洁，天气晴朗。

随笔共享 🌙⭐

自离家求学后，在家过中秋节的机会越来越少，大多没有印象了，有两年的中秋节却记得很深。2009 年我读大三，中秋撞上国庆，留在学校里的同学只零星几个。中秋那天我给每一个留校的同学发了短信，相约晚上去实验楼前的草坪上赏月吃月饼，我本期盼可见皓月千里，当晚却是有些暗，赏月成了一个理由，聚会成了目的。我们从月亮聊到李白，从李白聊到功夫，从功夫聊到武侠，从武侠聊到金庸。从未有一个时刻和同学聊得如此酣畅淋漓，我确定那个当下，我们的心中有如长烟一空，皓月千里，内心皎洁一片。

工作后离家更远，第一年母亲的电话异常频繁，记得那年中秋，她语中带笑告诉我，家里微风舒适，月亮很圆，明天肯定是个晴天。我听着电话去阳台想和她共赏一轮圆月，彼时我住 19 层，周围是嵌满华灯的高楼，耳边有呼啸而过的风，我依旧在夏天驻足，家乡渐染秋天的味道，母亲送来了皓月千里，我在心里画了个思念。

气象知识 ★

　　能见度，是反映大气透明度的一个指标，指正常视力者能将一定大小的黑色目标物从地平线附近的天空背景中区别出来的最大距离。能见度和当时的天气情况密切相关。当出现降水、雾、霾、沙尘暴等天气现象时，大气透明度较低，因此能见度较差。测量大气能见度可用目测的方法，也可使用大气透射仪、激光能见度自动测量仪等测量仪器[*]。

---

[*]　有兴趣了解先进气象观测仪器工作原理的读者可以登录"广州市气象学会"网站点击"综观天下"栏目浏览。

雾

　　雾是由大量悬浮在近地面空气中的微小水滴或冰晶组成的混合物，是近地面层空气中水汽凝结（或凝华）的产物。雾的存在会降低空气透明度，使能见度恶化。

霾

　　霾是由空气中的灰尘、硫酸、硝酸、有机碳氢化合物等粒子组成的混合物。它能使大气浑浊，视野模糊并导致能见度恶化。

知识问答

1. 西昌为何月最明?
2. 哪个城市曾经有"雾都"之称?

成语填空

1. 风（ ）月（ ）

   微风清凉，月光明朗。谓夜景美好。比喻品性清白高洁。

2. 月（ ）风（ ）

   微风清凉，月色皎洁。形容夜景幽美宜人。

3. 月晕而（ ）

   月晕: 月亮周围出现的光环。月亮周围出现光环，就是要刮风。比喻事情发生前的征兆。

十一、虹销雨霁

汉语拼音： hóng xiāo yǔ jì

英文解释： The sky becomes clear after the rain as the rainbow disappears.

成语解释： 虹：彩虹；销：同"消"，消失；
霁：本指雨止，也引申为天气放晴。
彩虹消失，雨后天晴。

随笔共享

　　"看，那是彩虹！"同行的女孩兴奋地回过头对我喊着，我顺着她手指的方向望去，江面上果然有一座拱形小彩虹，此时我在距长江第一湾35千米的虎跳峡看着奔腾不息的江水出神，云南的11月份阳光依旧。

　　上一次看见彩虹还是在十多年前的夏天。父亲来接我下课，课还没结束，大雨倾盆而至，虽然备了雨衣，但是练字用的工具怕是沾水就废了，于是我们坐在文化宫一楼的长凳上等着。"什么时候停雨啊？""一会儿就停了，你看雨落到地上都不起泡。"我不懂父亲关于雨停的理论，不过不一会儿雨真的停了。"爸爸，今天你骑自行车来的？""对啊！""那今天回家要好久。""刚下完雨，外面多舒服，说不定还有彩虹。"坐在父亲的"二八杠"后面，有一句没一句地聊着，车子拐了个弯东行，我看着后退的路，倒带的花草，远去的天边，虹销雨霁。

气象知识

彩虹，简称为"虹"，是大气中的一种光学现象。当太阳光照射到空气中的水滴时，光线被折射及反射，在天空上形成环状七彩光谱，从外至内分别为红、橙、黄、绿、蓝、靛、紫；在中国，也常有"赤橙黄绿青蓝紫"的说法。

只要空气中有足够多的水滴，而阳光正好从观察者的背后以低角度照射时，便可能产生可以观察到的彩虹。彩虹通常在下午的雨后，天空刚刚转晴时出现。这时空气内尘埃少且充满小水滴，天空的一侧因为仍有雨云而较暗，另一侧因没有云的遮挡而可见阳光。彩虹的出现与天气变化密切相关，人们可从彩虹出现在天空中的位置来推测天气的变化。当东方出现彩虹时，本地是不大容易下雨的，而西方出现彩虹时，本地下雨的可能性就很大。

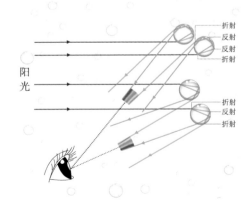

知识问答

1. 彩虹的"虹"表示什么意思？
2. 一组完整的彩虹本就是由多少条彩虹构成的？

成语填空

1. 气（　）长虹
   气势磅礴，像是要贯通天空的长虹一样。形容正气旺盛，精神崇高。

2. 风（　）云（　）
   比喻事物的消失、完结。

3. 雨（　）天（　）
   雨后初晴的天色，泛指一种蓝绿色。也比喻情况由坏变好。

源自中国气象报社 李武春

十二、久旱逢甘雨

汉语拼音： jiǔ hàn féng gān yǔ

英文解释： Have a welcome rain after a long drought.

成语解释： 干旱已久，遇到了一场好雨。形容盼望已久终于得以实现的得意心情。

随笔共享

　　暑假里烈日炙烤着大地，田里的庄稼垂着叶子了无生气，稀疏看见几只鸟儿飞过，野狗趴在阴凉处吐着舌头。外婆搬了把椅子坐在门口，望着庄稼地对我说"再不下雨，我和你外公得去田里抗旱了。"

　　外婆向来不爱看电视，她听不懂普通话，觉得甚是无趣。最近几个晚上外婆都准时出现在电视机旁，因为电视里会播出天气预报。那日外婆又坐在了门口，因为昨晚预报今天有雨。从上午到下午，乌云终于飘来了，而后先是细雨叩轻声，后转大珠落玉盘。外婆笑着说："终于下雨了，可以不用去抗旱了。"于外婆和庄稼而言，这雨应该就是久旱逢甘雨吧。

气象知识

　　气象干旱也称大气干旱，根据气象干旱等级的中华人民共和国国家标准（GB/T 20481—2017），气象干旱是指某时段内，由于蒸散量和降水量的收支不平衡，水分支出大于水分收入而造成地表水分短缺的现象。其原因，或者是收入项降水的异常短

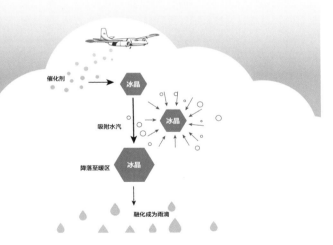

缺，或者是支出项蒸散异常增大。由于降水是主要收入项，它的异常短缺常伴随着蒸散的增大，且降水资料最易获得，因此，气象干旱通常主要以降水的短缺作为指标。

　　人工增雨是抗旱方法之一，也就是在有利于降水的天气条件下，采取人工干预的方法，在自然降水之外再增加部分降水的一种科学手段。它的作用原理是通过飞机向云体顶部播撒碘化银、干冰、液

采用高炮实施人工增雨

氮等催化剂，或用高炮、增雨火箭，将装有催化剂的炮弹等发射到云中，并在云体中爆炸，对局部范围内的空中云层进行催化，增加云中的冰晶。这样能够让云中的小水滴或冰晶体积增大、重量增加。当空气中的上升气流托不住增大后的水滴时，这些水滴就会从天而降，形成降水。

知识问答

1. 干旱分哪几种类型?
2. 人工增雨与人工消雨的原理是否相似?

成语填空

1. 屋漏偏（ ）连夜雨
   比喻连续发生变故、困难, 不幸的处境更加恶化。
2. （ ）（ ）逢春
   枯木逢到春天又有生机。比喻绝望中重获生机, 或因某种机缘使劣境转好。
3. 风雨（ ）（ ）
   风雨一起袭来。比喻几种灾难同时降临。

十三、七月流火 ⭐

汉语拼音： qī yuè liú huǒ

英文解释： The firy weatgher is going away during July on the lunar calendar as the autumn approaches.

成语解释： 指夏去秋来，天气转凉。

随笔共享 ★

　　暑假没剩下几天了，午后的八月暑气依旧迎面扑来，我去井边捞一大早泡着的西瓜，打着赤脚飞快跑过被太阳烫着的水泥地，跳进了铺着大理石的堂屋。堂屋里堆满了玉米棒和剥好的玉米粒，外公躺在长椅上睡着了，前后门都开着，穿堂风吹过甚是惬意。

　　外婆端着午饭后剩下的饭菜从厨房进来，"呵斥"着让我穿上鞋子，顺手把前门关了，"现在不是六月天，小心着凉"。从小就听老人说农历六月往往是一年中最热的时候，农历七月天气开始由炎热转凉，后在诗经里读到："七月流火，九月授衣"，说的都是同一个道理。

气象知识 ★

　　"七月"指的是农历的七月，大致相当于公历的八月；"流"指移动、落下；这里的"火"不是像火一般的天气，而是一颗星星——天蝎座 α 星，

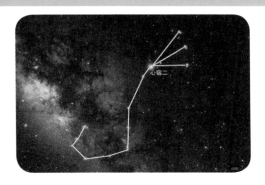

它是天蝎座里最亮的一颗星，发出火红色的光亮，因此，中国古代天文学称之为"大火"星，又叫心宿二。通过常年的观察，古人发现"七月流火"之时，也就是当"大火"星逐渐向西方流动、下坠的时节，天气就会开始渐渐转凉。

在气象预报还不完善的古代，人们往往通过对日月星辰的运行变化进行观察来确定农时，指导生产。明末清初的大学者顾炎武在《日知录》一书中曾写道："三代以上，人人皆知天文。'七月流火'，农夫之辞也。"甚至当时的朝廷还专门设置了"火正"之职，负责观测"大火"星的位置，用以确定农时节令。

知识问答 ★

1. 寒潮的标准是什么？
2. 为什么一场秋雨一场寒？

成语填空 ★

1. 秋高（ ）（ ）

   形容秋天晴空万里，天气凉爽。

2. （ ）（ ）凉风

   凉风：特指初秋的西南风。比喻触景生情，思念故人。

3. 金风（ ）（ ）

   金风：指秋天的风。古时以阴阳五行解释季节，秋为金。秋风带来了凉意。

十四、秋高气爽 一叶知秋 秋风落叶

【秋高气爽】

汉语拼音： qiū gāo qì shuǎng

英文解释： The crispy air in a clear autumn day.

成语解释： 形容秋日天空明净，气候凉爽宜人。

【一叶知秋】

汉语拼音： yī yè zhī qiū

英文解释： One falling leaf is indicative of the coming of autumn.

成语解释： 看见一片落叶，就知道秋天将要来了。比喻从事物的某些细微迹象，可以预料到事物的发展趋向和变化。

【秋风落叶】

汉语拼音： qiū fēng luò yè

英文解释： The autumn wind sweeping the fallen leaves.

成语解释： 秋风扫尽落叶。比喻一扫而光，不复存在。

随笔共享

　　金陵的秋天是讨喜的，气温适宜，微风和煦，阳光灿烂却不霸道，空气清爽却不干燥。傍晚从实验站回宿舍，踩着单车绕去梧桐道，叶子掉落在余晖的影子上，借着风飘起又落下，偶有叶子掉落肩头，一叶知秋，一场相遇，转瞬又分开。抬头望一眼蓝天，秋高气爽正当时。

金陵的秋天又是彩色的，梧桐道上秋风扫落叶，叶子颜色深浅不一，提醒着人们一年四季中的第三季——金秋即将离开。待到栖霞山上枫叶遍布，秋意浓时，红叶铺青石，秋水似明镜，天青色而落秋雨，一场秋雨一场寒，寒冷深处是白色。

气象知识

秋季是夏季到冬季的过渡季节。气候学上规定，炎热过后，连续 5 天平均气温稳定在 22 ℃以下时就算进入了秋季，低于 10 ℃时秋季结束。秋季的气温会逐日下降，但是一般较冬季缓慢。由于干湿状况的差异，不同地区会出现阴冷多雨，或干燥凉爽的气象状况。

入秋以后，寒冷干燥的冷空气赶走了温暖潮湿的暖湿空气，空气中的水分减少，云量减少，易出现白天晴空万里、夜间满天星斗的"秋高"天气；我国大部分地区秋季受高压气流控制，空气清新，蓝天白云，湿度低，气温适宜，令人感觉爽快，所以称为秋高气爽。

霜

露

知识问答

1. 秋天为什么会落叶？
2. 四季如何划分？

成语填空

1. （　）花（　）月
   指春秋佳景或泛指美好的时光。

2. 春（　）秋（　）
   春天的兰花和秋天的菊花。多比喻物擅其长，各具其美。

3. （　）叶知秋
   见树叶凋落，便知秋天来临。比喻从某种微小的变化可预测事物的发展。

十五、暑往寒来

汉语拼音： shǔ wǎng hán lái

英文解释： Summer passes and the winter comes.

成语解释： 夏天过去，冬天到来。泛指时光流逝。

随笔共享

　　一早去坐公交车，站台上八九个穿着校服、背着书包的学生叽叽喳喳地聊着，原来暑假结束了。他们不时望向公交车来的方向，有个学生问我时间，似乎是等了有些时候了。我等的公交车来了，跳上车看着离我远去的他们，突然好生羡慕，羡慕他们还是少年，羡慕他们还拥有多个存在着寒暑假的暑往寒来，羡慕他们还有很长一段时间的目的地是学校。

　　学生时总希望时间可以快如强力风速，"自由"存在于自我想象中的成人世界里。工作后却想让时间倒退，"自由"成了一种相对，少了些学生时须遵守的纪律，多了些成人须承受的思虑。所有人都要遵循暑往寒来的自然规律，走不来亦回不去，唯愿不枉来过。

气象知识

　　四季的形成是因为地球绕太阳公转的结果。地球一直不断自西向东自转，与此同时又绕太阳公转。地球公转的轨道是一个椭圆形，太阳始终位于一个焦点上。地球公转过程中，地轴与公转轨道始终保持 66° 34′ 的交角，即地球是斜着身子绕太阳公转。因为地球公转的原因，致使太阳直射点在地球表面发生变化。

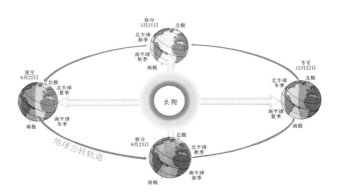

每年 6 月 21 日或 22 日，地球位于远日点，太阳直射北回归线，这一天就是北半球的夏至日。与此同时北半球得到的热量最多，白昼最长，气候炎热，属于北半球的夏季，而南半球正处于冬季。

随着地球在公转轨道上不停运行，太阳的直射点逐渐南移。到了 9 月 22 日、23 日或 24 日，太阳就会直射赤道，这一天是北半球的秋分日。南半球及北半球得到的太阳热量此时相等，昼夜平分，北半球是秋季，南半球是春季。

到 12 月 21 日、22 日或 23 日，地球位于近日点，太阳直射南回归线。这一天是北半球的冬至日。此时北半球得到的热量最少，白昼时间最短，气候寒冷，是北半球的冬季，而南半球刚好是夏季。

太阳直射点北返以后，在 3 月 20 日、21 日或 22 日，太阳再次直射赤道，这一天是北半球的春分日。这个时候，北半球为春季，而南半球却是秋季。

地球就这样以一年为周期绕太阳不停运转，从而产生了四季的更替。

春

冬

知识问答

1. 地球有几个气候带?
2. 云南昆明为什么四季如春?

成语填空

1. ( ) ( ) 腊月

   腊月：阴历十二月。指一年将尽之时。

2. 春 ( ) 秋 ( )

   春天过去，秋天来临。形容时光流逝。

3. 秋 ( ) 冬 ( )

   秋季为农作物收获季节，冬季贮藏果实以待一年
   之需，比喻一年的农事。

十六、数九寒天

汉语拼音： shǔ jiǔ hán tiān

英文解释： The coldest days of the year.

成语解释： 我国习惯从"冬至"起每九天为
"一九"。"数九"一般指"三九"
和"四九"天气，是一年中最寒冷
的时候。

随笔共享

　　我长在万里长江入海口的北侧，四季分明，冬季不常下雪，但没有暖气，也是严寒难耐。晚上接一杯水放在窗外，第二天起床，水就结成了冰，玻璃窗上往往能看见窗花。

　　入小学后老师教了九九歌，我终于明白爷爷和外公说的"三九""四九"是什么。冬至过后，数九寒天，早上被奶奶从床上拉起来刷牙，过程尤为痛苦，折胶堕指，冻得连牙刷都抓不住。门外的大白菜上铺满白色的霜，水龙头也被冻住了。裹成个粽子般去学校，路上遇到同学摘下口罩打个招呼，嘴上喷出一阵阵白色雾气，赶紧戴上又只留下两只眼睛继续前行。河边芦苇枯黄，河里薄冰覆盖，我数着是第几个"九"，希望数九寒天过得快些。

气象知识

数九寒天，"数九"又称"冬九九"，是冬季的一种中国民间节气。"数九"从每年冬至当天开始计算，每九天为一个单位。

人们常说"数九寒天，冷在三九"。即就我国多数地区而言，从"一九"到"二九"，天气并非最冷，"三九"和"四九"大部分时间属于小寒节气，是一年中最寒冷的时候，所以说"一九二九不出手，三九四九冰上走""小寒胜大寒"。"五九"以后，大地渐渐回春，天气由冷渐暖，故"五九六九，河边看柳，七九河开，八九雁来"。到了"九九"，已是"惊蛰"节气，所以"九九加一九，耕牛遍地走"。过了九个"九"，刚好八十一天，即为"出九"，那时就春暖花开了。

知识问答

1. 哪些地区成为寒潮源地?
2. 区分暖温带和亚热带的重要指标是什么?

 成语填空

1. （　）（　）祁寒
   祁：大。炎热的夏天，寒冷的冬季。形容气候条件恶劣的季节。
2. 风（　）霜（　）
   寒风像尖刀，严霜似利剑。形容气候寒冷。常比喻人情险恶。
3. 风雨（　）（　）
   风雨交加，清冷凄凉。

十七、四时八节

汉语拼音：　sì shí bā jié

英文解释：　Four seasons and eight solar terms.

成语解释：　四时：春、夏、秋、冬四季。八节：立春、
　　　　　　春分、立夏、夏至、立秋、秋分、立冬、
　　　　　　冬至八个节气。泛指一年四季各个节气。

随笔共享

2014 年 4 月我自长三角南下，初到广州，榕树参天，大王椰子树绿得乍眼，让人一下子从春天闯入夏天。坐公交车从一个区跨越到另一个区，道路两旁姹紫嫣红，许多花卉和绿色植物都是初次见面。后我留在花城（即广州）工作，历经四时八节，与许多植物相识。

全年无冬、日照充足的花城，整年鲜花盛放，绿色活力阳光，少了分伤春悲秋，多了分热情。只在三月天时，阴雨延绵，光照不足，地上铺满金黄，树上嫩芽新枝，新生与成熟并存，这就是我看见的花城——四时有不谢之花，八节有长春之草。

气象知识

二十四节气是我们祖先长期总结天文、气象与农业之间相互关系而创造出来的。它反映寒暑变化和农时季节，在我国特别是农村可以说是家喻户晓。2016年11月30日，二十四节气被正式列入联合国教科文组织人类非物质文化遗产代表作名录。在国际气象界，二十四节气被誉为"中国的第五大发明"。

二十四节气分别是：立春、雨水、惊蛰、春分、清明、谷雨；立夏、小满、芒种、夏至、小暑、大暑；立秋、处暑、白露、秋分、寒露、霜降；立冬、小雪、大雪、冬至、小寒、大寒。为了便于记忆，民间总结出了《二十四节气歌》。

二十四节气歌

春雨惊春清谷天，夏满芒夏暑相连；

秋处露秋寒霜降，冬雪雪冬小大寒。

上半年来六、廿一，下半年来八、廿三；

每月两节不变更，最多相差一两天。

知识问答

1. 节气时刻有什么含义？
2. 什么是中国的"第五大发明"？

成语填空

1. 斗转（　）（　）
   斗：北斗星。表示时序变迁、岁月流逝，或表示一夜之间时间的推移。

2. 五（　）六月
   泛指农历五、六月间天气炎热的时候。

3. 月（　）星（　）
   月色皎洁，星星稀疏。

十八、云蒸霞蔚

汉语拼音： yún zhēng xiá wèi

英文解释： The rosy clouds are slowly rising.

成语解释： 蒸：上升；蔚：聚集。云雾彩霞升腾聚集。形容灿烂绚丽的景象。

随笔共享

中国五岳名山向来为世人所称颂，而我有幸与东岳泰山有过一面之缘，曾登顶而窥其真容，现在回想起来仍甚觉惊艳。2009年的时候我还是个大学生，暑假伊始，与同专业的十几位同学坐着"绿皮"火车前往泰安，首站便是泰山。

登山路上遇各色行人，晨练下山的市民，奋勇直前的游客，挑货上山的山民。而我们以赏玩的姿态登山，每到一处便细细欣赏，体会何谓巨石苍松，山势重叠，甚至回忆儿时课文，观察挑山工的行山姿势，傍晚登顶时云烟浩瀚。第二天清晨四点爬起来裹着军大衣看日出，我们被升腾的云雾包围着，太阳从地平线处往上冒，像缓慢升起的气球，红光照射的范围越来越大，感受着云蒸霞蔚，千岩竞秀，前一天登山的疲惫感在那刻消失全无，唯剩赞叹。

气象知识

　　云是由大气中的水蒸气遇冷液化成的小水滴或凝华成的小冰晶混合组成的漂浮在空中的可见聚合物。云是地球上庞大水循环的有形结果。太阳照在地球表面，水蒸发形成水蒸气，一旦水汽过饱和，水分子就会聚集在空气中的微尘（凝结核）周围，由此产生的水滴或冰晶将阳光散射到各个方向，这就产生了云的外观。

　　云的底部不接触地面。根据云的云底高度和外形特征，将其分为三族十属：三族为高云、中云、低云；十属为卷云、层卷云、卷积云、高层云、高积云、层云、层积云、雨层云、积云和积雨云。

　　霞本义指日出、日落时天空及云层上因日光斜射而出现的彩色光像或彩色的云。而云出现色彩缤纷的原因是，日出和日落时，光线是斜射过来的，空气中的水汽和杂质等使得短波被大量散射，红、橙等颜色的长波得以保留，所以云体显现出红、橙等颜色。当云层中存在冰晶时，光线还会产生衍射，就像棱镜分光一样，这时就会形成彩色光环。

知识问答

1. 水循环的含义是什么?
2. 如何区别雾与云?

成语填空

1. 气象( )( )
   形容景象千变万化，非常壮观。

2. 云( )雾( )
   指天气由云雾笼罩转为晴朗。常用以比喻怨愤、
   疑虑得以消除。

3. 云合( )( )
   形容从各处涌来并聚集成大片。

十九、风起云涌

汉语拼音： fēng qǐ yún yǒng

英文解释： Clouds gather, driven by the wind.

成语解释： 大风起来，乌云涌现。形容气势雄伟。
也比喻事物大量迅速发展。

随笔共享

　　雨开始下了，风逐渐大了，台风要登陆了，学校通知下午放假。好友骑着自行车载我回去，路上遇见卡车运着大石头向大海的方向开去。回到家听爷爷说，他刚接到电话，台风导致海边的风浪砸掉了堤坝上很多石头，我看见的卡车应该是去补石头了，还运了沙袋去，以防海水倒灌。爷爷说他得去趟村委办公室，说完穿了雨具，骑着小摩托便走了，奶奶在他身后喊着让他当心。

　　外面风吹长啸，草木震动，风起云涌，天黑着压了下来，雨斜着砸了下来。不远处的庄稼地里像是历经了一次收割，甜芦粟全都倒了下来，像是被作业的机器推倒了一般，黄豆秆像被人踩过一样折了腰，再矮些的庄稼也不齐整了。房间里电话响了，我跑着去接，原来是爷爷已经到了，等风雨小一些，他便回来。

气象知识

　　热带气旋，是发生在热带或副热带海洋上的强烈天气系统，它像在流动江河中前进的涡旋一样，一边绕自己的中心急速旋转，一边随周围大气向前移动。在北半球，热带气旋中的气流绕中心呈逆时针方向旋转，在南半球则呈顺时针方向旋转。愈靠近热带气旋中心，气压愈低，风力愈大。但发展强烈的热带气旋，如台风，其中心是一片风平浪静的晴空区，称为"台风眼"。

热带气旋的生成和发展需要巨大的能量，因此它形成于高温、高湿和其他气象条件适宜的热带洋面。影响我国的热带气旋的主要生成源地是西太平洋和南海。

台风除了给登陆地区带来暴风雨等严重灾害外，也有一定的好处。据统计，我国南方、东南亚各国及美国，台风降雨量占这些地区总降雨量的 1/4 以上，如果没有台风，这些国家的农业生产将会面临巨大困难；此外，台风对于调剂地球热量、维持热平衡也是功不可没的。

知识问答

1. 中心附近最大风力达到几级的热带气旋才叫做台风？
2. 影响台风强度的最主要因素是什么？

成语填空

1. 云（ ）风（ ）
   微风轻柔，浮云淡薄，形容天色晴好。

2. 波涛（ ）（ ）
   形容水势盛大，奔腾起伏。

3. 风（ ）浪（ ）
   形容风浪很大。

二十、雷电交加

汉语拼音： léi diàn jiāo jiā

英文解释： Lightning accompanied with thunder.

成语解释： 霹雷夹着闪电。

随笔共享

半夜里被雷声吵醒，习惯性查看雷达回波图，雨带正好在周围，雷声一直响着，看着还得有段时间才能结束这次天气过程，索性去客厅坐一会。睡前忘记把客厅的门帘拉上了，闪电正好划过，从阳台的玻璃窗看得格外清晰，持续的雷电交加像是一场声势浩大的舞台表演，外面整个世界亮了又暗下，不时伴有剧烈声响，气氛庄重肃穆。

幼年时很怕雷雨天，雷声太大，总觉得耳朵会聋，拼命捂着耳朵还是会听到，可又不能像躲炮仗一样躲开，只能接受它的存在。父亲给了我一个有趣的说法，电闪雷鸣的现象只是雷公电母在敲锣打鼓，如果觉得声音太大，听的时候张大嘴巴，这样耳朵就不会聋了。外面雷声闪电依旧，我从书柜里拿了本书，等着雷公电母的"表演"结束。

气象知识

　　雷电是从积雨云中发展起来的一种天气现象。积雨云里存在着负电荷和正电荷的云块，它们之间发生放电现象就形成雷电。放电时发出的细长耀眼的火光带就是闪电。放电过程中产生很大的热量使周围空气的体积突然膨胀，引起空气的极大震动，产生很大的响声，这就是雷声。

　　闪电和雷声是同时发生的。但我们总是先看到闪电，后听到雷声，这是因为光的传播速度比声音的传播速度快。光在空中每秒能走 30 万千米，而声音每秒只能走 340 米。

　　雷电并不是夏季专属品，只要云团对流够强烈，春季、冬季等季节都有可能打雷。每年初春，正是季节转换之时，气温开始升高，明显增强的暖湿空气与负隅顽抗的冷空气激烈对峙，容易引发强烈的对流运动。这时就会有阵阵雷鸣滚过天际，称为春雷。二十四节气中的"惊蛰"正是意在描述春雷惊醒蛰居动物的物候变化。

学会在雷暴天气下保护好自己是非常重要的。发生雷电时，应尽快进入有防雷装置的建筑物内；如在室外，两脚并拢抱膝蹲下，以防止因"跨步电压"造成伤害；不要靠近没有避雷装置的高大建筑物；远离一切金属制品。

 知识问答

1. 避雷针的工作原理是避雷还是引雷?

2. 暴雨天气是否都伴随有雷电呢?

成语填空

1. （ ）风（ ）雨
   狂暴的风，急骤的雨。亦比喻猛烈的行动或革命运动。

2. 风（ ）（ ）云
   大风卷走了残存云彩。比喻一下子消灭干净。

3. 风（ ）浪（ ）
   无风无浪。比喻平静无事。

知识问答答案

扫描如下二维码
轻松获取问题答案

成语填空答案

一、乘风破浪

1. 风和日（丽）
2. 风雨（无）（阻）
3. 风雨（同）（舟）

二、巴山夜雨

1. （杏）雨（梨）云
2. （杏）花春雨
3. （和）风（细）雨

三、白雪皑皑

1. 红装素（裹）
2. 风（花）雪（月）
3. 如（履）薄冰

四、薄暮冥冥

1. 晨光（熹）微
2. （烟）（消）云散
3. 暮色（苍）（茫）

五、春风化雨

1. 春和（景）（明）
2. （栉）风（沐）雨
3. （光）风（霁）月

六、春寒料峭

1. （天）寒（地）冻
2. 冰（天）雪（地）
3. （雪）窖冰天

七、春华秋实

1. 华而不（实）
2. 雨后（春）（笋）
3. （傲）雪（凌）霜

八、春暖花开

1. 滴水成（冰）
2. 春风（和）（煦）
3. （嘘）寒（问）暖

九、飞沙走石

1.电（闪）雷（鸣）

2.天（昏）地（暗）

3.密云不（雨）

十、皓月千里

1.风（清）月（明）

2.月（白）风（清）

3.月晕而（风）

十一、虹销雨霁

1.气（贯）长虹

2.风（吹）云（散）

3.雨（过）天（青）

十二、久旱逢甘雨

1.屋漏偏（逢）连夜雨

2.（枯）（木）逢春

3.风雨（交）（加）

十三、七月流火

1. 秋高（气）（爽）
2. （天）（末）凉风
3. 金风（送）（爽）

十四、秋高气爽 一叶知秋 秋风落叶

1. （春）花（秋）月
2. 春（兰）秋（菊）
3. （落）叶知秋

十五、暑往寒来

1. （残）（冬）腊月
2. 春（去）秋（来）
3. 秋（收）冬（藏）

十六、数九寒天

1. （盛）（暑）祁寒
2. 风（刀）霜（剑）
3. 风雨（凄）（凄）

十七、四时八节

1.斗转（星）（移）
2.五（黄）六月
3.月（明）星（稀）

十八、云蒸霞蔚

1.气象（万）（千）
2.云（消）雾（散）
3.云合（雾）（集）

十九、风起云涌

1.云（淡）风（轻）
2.波涛（汹）（涌）
3.风（高）浪（急）

二十、雷电交加

1.（暴）风（骤）雨
2.风（卷）（残）云
3.风（平）浪（静）

附件

广州市气象科普教育基地介绍

广州市气象科普教育基地是一座集知识性、趣味性、互动性于一体的科普教育基地，包括先进高科技气象自动观测场、高性能计算机中心、大数据处理中心、气象灾害预警信息发布中心、科普厅、科普园、多个节能环保资源等。通过科普活动，参观者可以领略当今气象现代化技术发展成就，了解广州气象部门如何利用先进的气象现代化设备制作精细化的天气预报和提供优质的气象服务；学习气象科普知识，提高气象防灾自救能力；了解广州气象部门如何巧妙地充分利用广州气候资源，实现节能省耗、生态绿色办公，提高低碳环保的意识。特别是科普园建有宣传气候五带的地球仪、反映广州风力资源的风玫瑰图和风向风速仪、反映广州气候特点的月平均气温和降水模型等，整个科普园蕴含了丰富的面向中小学生的教学内容，具有形式多样的互动性。共获 9 项建筑设计大奖的广州市气象监测预警中心成为基地宣传低碳环保的重要科普场所，也成为广州地区主修建筑设计专业大学生的学习之处，以及中小学开展节能环保建筑设计和园林设计等探究活动的科普资源。广州市气象科普教育基地已成为中小学开展气象科技教育、学习体验、探究活动的综合实践基地，为学生深化和延伸课本知识，提高学习效果提供了丰富的教育资源。

　　基地一直以来采取"迎进来，走出去"的方式，积极与政府部门、教育部门、企业合作，充分利用社会资源，创新性地开展内容丰富、形式多样的气象科普宣传活动，在科普基地连续多年成功举办了世界气象日、科技活动周等大型有影响力的科普宣传活动，出色地承办了广州市科协组织开展的"广州科普游自由行""广州科普一日游"，成功举办了海珠区气象与生活知识科普实践体验活动、气象科普定向越野活动等多项校园气象科普活动，每年科普受众人数约达 4 万人次，科普宣传社会效益显著，优异的工作成绩和众多的创新亮点多次获得国家和地方政府部门、各中小学的高度肯定，基地也被评定为"全国气象科普教育基地""广东省科普教育基地""广州市科学技术普及基地""广州市直属机关关心下一代教育活动基地"，被中国气象学会评为 2017 年度"全国优秀气象科普基地"；广州市气象学会被广州市科协评为 2015 年和 2016 年广州基层科普工作先进集体，被广州科普联盟授予 2017 年度广州科普创新奖评选活动之科普贡献奖。

地址：广州市番禺区大石街南大路植村工业一路 68 号

联系电话：020—66619663 欧先生

后记

　　本书在气象出版社的大力支持和耐心指导下，历时一年，几易其稿，终于与读者见面了。撰写本书是希望通过新颖的形式给读者介绍一些气象知识。

　　当然，一本书所涉及的知识内容是有限的，如果读者想深入全面学习气象科普知识，或者想通过参与互动活动促进学习，可登陆到广州市气象科普教育平台——广州市气象学会网站（http://www.gz323.org.cn）。网站提供丰富气象科普内容和有趣的线上互动活动，成为广州气象科普教育基地的补充和延续。另外，2018 年广州市气象学会成功开发 "风云之战"气象科普微信小程序，是一款以答题互动的方式，引导用户掌握更多气象科普知识，锻炼头脑思维能力的游戏，是广州市气象科普工作者全力推动气象科普信息化的又一个努力成果。

欢迎有兴趣从事科普创作的读者与作者联系，共同合作创作更多的科普作品。也欢迎教育部门利用广州市气象学会网站或"风云之战"气象科普微信小程序合作开展线上活动。

作者

2018 年 12 月 12 日

广州市气象学会网站

"风云之战"气象
科普微信小程序